EN VENTE

à PARIS, chez : Gauthier-Villars et Fils, 55, quai des G[ds]-Augustins.

— Alph. Picard, rue Bonaparte, 82.

à LILLE, chez : Le Bigot Frères, rue Faidherbe, 11 et 13.

UNIVERSITÉ DE FRANCE

TRAVAUX & MÉMOIRES

DES

FACULTÉS DE LILLE

TOME I. — Mémoire N° 1.

P. PAINLEVÉ. Transformation des Fonctions V (x, y, z).

LILLE

AU SIÈGE DES FACULTÉS, PLACE PHILIPPE-LEBON

1889

TRAVAUX & MÉMOIRES

DE

L'UNIVERSITÉ DE LILLE

TOME I

LILLE
AU SIÈGE DE L'UNIVERSITÉ, RUE JEAN BART

1889-1891

TABLE DES MATIÈRES DU TOME I

Le Conseil général des Facultés de Lille a l'honneur de présenter au public compétent le premier fascicule d'une publication périodique où paraîtront désormais les travaux des professeurs de l'Université lilloise. Il entre à son tour, et au moment où la réunion des quatre Facultés le lui permet, dans la voie où l'ont précédé plusieurs conseils, ceux de Bordeaux, Lyon, Toulouse, Nancy et d'autres encore.

Le Conseil général des Facultés de Lille était tenu de signaler et de rendre féconde, par une fondation de ce genre, la générosité de la ville de Lille qui, en lui assurant une donation annuelle de vingt mille francs, pendant une période de vingt années, l'a mis à même de créer avec ses propres ressources des œuvres durables. C'est avec leurs revenus, et sans le secours de l'Etat, que les Facultés de Lille prennent l'initiative de faire connaître au public les principaux travaux de leurs maîtres.

Le Conseil général ne pouvait oublier d'ailleurs qu'il était engagé à cette tentative par le souvenir du passé. Avant la réorganisation de l'enseignement supérieur, et sans autre soutien que leur talent, des professeurs éminents des Facultés de Lille, les Pasteur, les Boussinesq, les Lacaze-Duthiers, les Desjardins, pour ne parler que des absents, avaient contribué aux progrès de la science par de belles découvertes et de beaux livres. Si les Conseils généraux des Facultés avaient existé au moment où ces professeurs enseignaient à Lille ou à Douai, nos Facultés auraient pu constituer depuis longtemps un recueil de mémoires remarquables, dont elles auraient toutes profité.

Nous jugeons inutile de plaider longuement la cause de ces publications régionales ; c'est une cause gagnée. On comprend que les recueils publiés à Paris aient attiré jusqu'ici, invinciblement, les efforts de professeurs isolés dans les villes de province, alors que chacun pouvait compter sur un poste à Paris et aspirer aux suffrages de l'Institut, et ne trouvait du reste que peu de secours et peu de considération autour de soi ; mais aujourd'hui que le nombre des travailleurs s'est si heureusement accru, presque tous doivent regarder comme leur séjour définitif le centre universitaire où ils ont été nommés ; tous du moins peuvent en outre y rencontrer les ressources indispensables pour leurs recherches et s'y faire une légitime réputation. Les bons mémoires sont lus partout, de quelque point qu'ils viennent ; à l'étranger aussi bien qu'en France. Il importe donc que dans chaque centre important d'études supérieures et désintéressées, une publication régionale, sûre de ses collaborateurs et appuyée sur une subvention durable, offre aux savants de la région, avec une publicité certaine, des chances de renommée et un encouragement au travail. Tel sera, pensons-nous, le bienfait de la publication que nous inaugurons.

Les mémoires y seront publiés par fascicules, sous le titre général de Travaux et Mémoires des Facultés de Lille, avec des numéros d'ordre. Les fascicules ne comprendront qu'un seul travail et paraîtront à des époques irrégulières ; chacun d'eux, tout en portant le titre de la publication et son numéro dans la série, pourra en être facilement détaché. On a voulu éviter l'inconvénient de réunir dans un même numéro de revue des articles de nature différente, et permettre à chaque catégorie de lecteurs spéciaux de se procurer plus aisément les mémoires qui les intéressent. Le Comité chargé de la direction de la revue s'efforcera de n'y insérer que des travaux utiles. Il espère que ces travaux seront nombreux, et qu'ils feront honneur à l'Université de Lille.

Le Président du Conseil général des Facultés de Lille,

A. Couat.

TRANSFORMATION

DES FONCTIONS V (x, y, z)

PAR

Paul PAINLEVÉ

Chargé de Cours à la Faculté des Sciences

TRAVAUX & MÉMOIRES DES FACULTÉS DE LILLE

Mémoire N° 1.

LILLE

AU SIÈGE DES FACULTÉS, PLACE PHILIPPE-LEBON

1889

SUR LA

TRANSFORMATION DES FONCTIONS

$V(x, y, z)$

QUI SATISFONT A L'ÉQUATION $\Delta V = 0$

ET SUR LES

COORDONNÉES CURVILIGNES ORTHOGONALES,

Par M. Paul PAINLEVÉ,

Docteur ès Sciences,

Chargé de cours à la Faculté des Sciences de Lille.

---

1. Soit $V(x, y)$ une fonction de deux variables satisfaisant à l'équation

$$\Delta V = \frac{\partial^2 V}{\partial x^2} + \frac{\partial^2 V}{\partial y^2} = 0.$$

On sait l'importance des transformations

$$\left.\begin{array}{l} x = \varphi(X, Y) \\ y = \psi(X, Y) \end{array}\right\} \quad \text{ou} \quad \left\{\begin{array}{l} X = \Phi(x, y), \\ Y = \Psi(x, y), \end{array}\right.$$

qui font correspondre à $V(x, y)$ une fonction $W(X, Y)$ vérifiant aussi l'équation

$$\Delta' W = \frac{\partial^2 W}{\partial X^2} + \frac{\partial^2 W}{\partial Y^2} = 0.$$

Toutes ces transformations s'obtiennent en prenant pour $(x + iy)$ une fonction analytique quelconque de $(X \pm iY)$. Quand on cherche, pour le cas de trois variables, les transformations analogues aux précédentes, on trouve qu'il n'en existe aucune en dehors de la transformation

$$(1)\qquad \begin{cases} x = a + l(\alpha\,X + \beta\,Y + \gamma\,Z), \\ y = b + l(\alpha' X + \beta' Y + \gamma' Z), \\ z = c + l(\alpha'' X + \beta'' Y + \gamma'' Z), \end{cases}$$

où α, β, γ, α', ... désignent les cosinus directeurs de trois droites rectangulaires, a, b, c, l des constantes. On peut chercher à généraliser la question : le but qu'on se propose, en réalité, c'est de trouver une transformation

$$(2)\qquad \begin{cases} X = X(x, y, z), \\ Y = Y(x, y, z), \\ Z = Z(x, y, z), \end{cases}$$

telle que, sachant résoudre le problème de Dirichlet pour une surface de l'espace (x, y, z), on sache le résoudre pour la surface correspondante de l'espace (X, Y, Z). Pour cela, il faut qu'à toute fonction W(X, Y, Z) satisfaisant à l'équation

$$\Delta' W = \frac{\partial^2 W}{\partial X^2} + \frac{\partial^2 W}{\partial Y^2} + \frac{\partial^2 W}{\partial Z^2} = 0,$$

on puisse faire correspondre une fonction $V(x, y, z)$ satisfaisant à l'équation

$$\Delta V = \frac{\partial^2 V}{\partial x^2} + \frac{\partial^2 V}{\partial y^2} + \frac{\partial^2 V}{\partial z^2} = 0,$$

et cela de façon que les valeurs de W sur une surface quelconque déterminent les valeurs de V sur la surface correspondante; autrement dit, pour chaque point (x, y, z), la valeur de V est définie par celles de W au point (X, Y, Z) correspondant :

$$V(x, y, z) = F(W, x, y, z).$$

La question se présente donc sous la forme suivante :

Déterminer trois fonctions X, Y, Z *de* (x, y, z) *et une fonction* F *de* (W, x, y, z) *sous la condition que, si l'on remplace* X, Y, Z *en* x, y, z *dans une fonction* W(X, Y, Z) *qui vérifie l'équation* $\Delta' W = 0$, *la fonction*

$$V(x, y, z) = F(W, x, y, z)$$

ainsi obtenue vérifie aussi l'équation $\Delta V = 0$.

Nous connaissons un système de fonctions X, Y, Z, F qui jouit de la propriété énoncée, à savoir celui qui définit la transformation par rayons vecteurs réciproques

$$X = \frac{k(x-a)}{(x-a)^2+(y-b)^2+(z-c)^2},$$

$$Y = \frac{k(y-b)}{(x-a)^2+(y-b)^2+(z-c)^2},$$

$$Z = \frac{k(z-c)}{(x-a)^2+(y-b)^2+(z-c)^2};$$

$$V(x, y, z) = F(W, x, y, z) = \frac{W}{\sqrt{(x-a)^2+(y-b)^2+(z-c)^2}}.$$

Au lieu de résoudre le problème de Dirichlet pour une surface, on peut le résoudre pour la surface inverse. Nous montrons dans ce travail que *la solution la plus générale du problème précédent s'obtient en combinant la transformation par rayons vecteurs réciproques avec la transformation* (1).

Pour cela, on établit bien simplement que toute transformation (2) répondant à la question définit une représentation conforme des deux espaces (x, y, z) et (X, Y, Z) l'un par rapport à l'autre. Or, d'après un théorème de Liouville, l'inversion (combinée avec la transformation homothétique et le changement d'axes rectangulaires) (¹) constitue la transformation la plus générale qui conserve les angles dans l'espace à trois dimensions. Nous donnons de cette dernière proposition une démonstration différente de celle de Liouville. Le procédé que nous employons trouve aussi son application dans l'étude des *coordonnées curvilignes orthogonales*. Soient X, Y, Z ces coordonnées; les fonctions x, y, z de (X, Y, Z) vérifient les équations

$$(3)\quad \begin{cases} \dfrac{\partial x}{\partial X}\dfrac{\partial x}{\partial Y}+\dfrac{\partial y}{\partial X}\dfrac{\partial y}{\partial Y}+\dfrac{\partial z}{\partial X}\dfrac{\partial z}{\partial Y}=0, \\[2ex] \dfrac{\partial x}{\partial Y}\dfrac{\partial x}{\partial Z}+\dfrac{\partial y}{\partial Y}\dfrac{\partial y}{\partial Z}+\dfrac{\partial z}{\partial Y}\dfrac{\partial z}{\partial Z}=0, \\[2ex] \dfrac{\partial x}{\partial Z}\dfrac{\partial x}{\partial X}+\dfrac{\partial y}{\partial Z}\dfrac{\partial y}{\partial X}+\dfrac{\partial z}{\partial Z}\dfrac{\partial z}{\partial X}=0, \end{cases}$$

(¹) Pour abréger, nous appellerons, dans ce qui va suivre, *inversion* ou *transformation par rayons vecteurs réciproques* cette transformation plus générale.

auxquelles Lamé adjoint les équations auxiliaires

$$(4)\qquad \begin{cases} \left(\dfrac{\partial x}{\partial X}\right)^2 + \left(\dfrac{\partial y}{\partial X}\right)^2 + \left(\dfrac{\partial z}{\partial X}\right)^2 = H^2, \\ \left(\dfrac{\partial x}{\partial Y}\right)^2 + \left(\dfrac{\partial y}{\partial Y}\right)^2 + \left(\dfrac{\partial z}{\partial Y}\right)^2 = H_1^2, \\ \left(\dfrac{\partial x}{\partial Z}\right)^2 + \left(\dfrac{\partial y}{\partial Z}\right)^2 + \left(\dfrac{\partial z}{\partial Z}\right)^2 = H_2^2. \end{cases}$$

(Les variables X, Y, Z remplacent les variables ρ, ρ_1, ρ_2 de Lamé.) Les trois fonctions H, H_1, H_2 (considérées comme fonctions de X, Y, Z) vérifient un système de six équations aux dérivées partielles du second ordre, que Liouville prend comme point de départ de sa démonstration. Notre méthode permet de former très simplement ces six équations et montre qu'elles sont bien les conditions nécessaires et *suffisantes* pour que le système d'équations (3) et (4) en x, y, z admette des intégrales [1]; elle fournit aussi une marche de calcul pour effectuer l'intégration de ces équations quand on connaît un système de fonctions H, H_1, H_2.

Ce même théorème de Liouville permet de voir que certaines propriétés appartiennent exclusivement à la transformation par rayons vecteurs réciproques. Soit, par exemple, t, u, v un système quelconque de coordonnées orthogonales

$$(5)\qquad x = f(t, u, v), \qquad y = \varphi(t, u, v), \qquad z = \psi(t, u, v).$$

Si l'on substitue à x, y, z de nouvelles coordonnées cartésiennes X, Y, Z, liées à x, y, z par les formules de l'inversion, les coordonnées curvilignes t, u, v, relatives à X, Y, Z, sont encore orthogonales. *La transformation par rayons vecteurs réciproques jouit seule de cette propriété.* On peut de même chercher tous les systèmes (5) tels que, en répétant la transformation (5) [c'est-à-dire en remplaçant dans les équations (5) t, u, v par $f(t, u, v)$, $\varphi(t, u, v)$, $\psi(t, u, v)$], les nouvelles coordonnées t, u, v ainsi définies soient encore orthogonales; si on laisse de côté les familles de surfaces t, u, v formées de plans parallèles

(1) M. Darboux a donné de cette proposition une démonstration rigoureuse (*Annales de l'École Normale*, année 1866). *Voir* aussi le Mémoire du même auteur, année 1878 du même Recueil.

et de cylindres orthogonaux, on trouve que les équations (5) *doivent définir une inversion*. On arrive à la même conclusion si l'on assujettit les équations (5) à la condition que t, u, v et x, y, z, regardées successivement comme coordonnées curvilignes, forment un système orthogonal dans les deux cas.

2. Revenons donc à la question que nous nous sommes proposée, et cherchons à déterminer X, Y, Z de (x, y, z) et $F(W, x, y, z)$ de façon qu'en posant $V(x, y, z) = F$, ΔV soit nul si $\Delta' W(X, Y, Z)$ est nul. Pour cela, évaluons la quantité

$$\Delta V = \frac{\partial^2 V}{\partial x^2} + \frac{\partial^2 V}{\partial y^2} + \frac{\partial^2 V}{\partial z^2},$$

en nous servant de l'égalité $V(x, y, z) = F(W, x, y, z)$. Nous avons

$$\frac{\partial V}{\partial x} = \frac{\partial F}{\partial W}\frac{\partial W}{\partial x} + \frac{\partial F}{\partial x},$$

$$\frac{\partial^2 V}{\partial x^2} = \frac{\partial F}{\partial W}\frac{\partial^2 W}{\partial x^2} + \frac{\partial^2 F}{\partial W^2}\left(\frac{\partial W}{\partial x}\right)^2 + 2\frac{\partial^2 F}{\partial W\,\partial x}\frac{\partial W}{\partial x} + \frac{\partial^2 F}{\partial x^2}.$$

D'autre part,

$$\frac{\partial W}{\partial x} = \frac{\partial W}{\partial X}\frac{\partial X}{\partial x} + \frac{\partial W}{\partial Y}\frac{\partial Y}{\partial x} + \frac{\partial W}{\partial Z}\frac{\partial Z}{\partial x},$$

$$\begin{aligned}\frac{\partial^2 W}{\partial x^2} = {} & \frac{\partial^2 W}{\partial X^2}\left(\frac{\partial X}{\partial x}\right)^2 + \frac{\partial^2 W}{\partial Y^2}\left(\frac{\partial Y}{\partial x}\right)^2 + \frac{\partial^2 W}{\partial Z^2}\left(\frac{\partial Z}{\partial x}\right)^2 \\ & + 2\frac{\partial^2 W}{\partial X\,\partial Y}\frac{\partial X}{\partial x}\frac{\partial Y}{\partial x} + 2\frac{\partial^2 W}{\partial Y\,\partial Z}\frac{\partial Y}{\partial x}\frac{\partial Z}{\partial x} + 2\frac{\partial^2 W}{\partial Z\,\partial X}\frac{\partial Z}{\partial x}\frac{\partial X}{\partial x} \\ & + \frac{\partial W}{\partial X}\frac{\partial^2 X}{\partial x^2} + \frac{\partial W}{\partial Y}\frac{\partial^2 Y}{\partial x^2} + \frac{\partial W}{\partial Z}\frac{\partial^2 Z}{\partial x^2}.\end{aligned}$$

On aurait pour $\frac{\partial V}{\partial y}$, $\frac{\partial^2 V}{\partial y^2}$, $\frac{\partial V}{\partial z}$, ... des valeurs analogues en permutant x, y, z. D'après cela, en posant

$$h^2 = \left(\frac{\partial X}{\partial x}\right)^2 + \left(\frac{\partial X}{\partial y}\right)^2 + \left(\frac{\partial X}{\partial z}\right)^2,$$

$$h_1^2 = \left(\frac{\partial Y}{\partial x}\right)^2 + \left(\frac{\partial Y}{\partial y}\right)^2 + \left(\frac{\partial Y}{\partial z}\right)^2,$$

$$h_2^2 = \left(\frac{\partial Z}{\partial x}\right)^2 + \left(\frac{\partial Z}{\partial y}\right)^2 + \left(\frac{\partial Z}{\partial z}\right)^2$$

et

$$k = \frac{\partial Y}{\partial x}\frac{\partial Z}{\partial x} + \frac{\partial Y}{\partial y}\frac{\partial Z}{\partial y} + \frac{\partial Y}{\partial z}\frac{\partial Z}{\partial z},$$

$$k_1 = \frac{\partial Z}{\partial x}\frac{\partial X}{\partial x} + \frac{\partial Z}{\partial y}\frac{\partial X}{\partial y} + \frac{\partial Z}{\partial z}\frac{\partial X}{\partial z},$$

$$k_2 = \frac{\partial X}{\partial x}\frac{\partial Y}{\partial x} + \frac{\partial X}{\partial y}\frac{\partial Y}{\partial y} + \frac{\partial X}{\partial z}\frac{\partial Y}{\partial z},$$

on voit que

$$(6)\quad \left\{\begin{aligned} \Delta V = {} & \frac{\partial F}{\partial W}\left(h^2\frac{\partial^2 W}{\partial X^2} + h_1^2\frac{\partial^2 W}{\partial Y^2} + h_2^2\frac{\partial^2 W}{\partial Z^2}\right. \\ & \qquad \left. + 2k\frac{\partial^2 W}{\partial Y\,\partial Z} + 2k_1\frac{\partial^2 W}{\partial Z\,\partial X} + 2k_2\frac{\partial^2 W}{\partial X\,\partial Y}\right) \\ & + \frac{\partial^2 F}{\partial W^2}\left[h^2\left(\frac{\partial W}{\partial X}\right)^2 + h_1^2\left(\frac{\partial W}{\partial Y}\right)^2 + h_2^2\left(\frac{\partial W}{\partial Z}\right)^2\right. \\ & \qquad \left. + 2k\frac{\partial W}{\partial Y}\frac{\partial W}{\partial Z} + 2k_1\frac{\partial W}{\partial Z}\frac{\partial W}{\partial X} + 2k_2\frac{\partial W}{\partial X}\frac{\partial W}{\partial Y}\right] \\ & + \frac{\partial W}{\partial X}\left(2\frac{\partial^2 F}{\partial W\,\partial x}\frac{\partial X}{\partial x} + 2\frac{\partial^2 F}{\partial W\,\partial y}\frac{\partial X}{\partial y} + 2\frac{\partial^2 F}{\partial W\,\partial z}\frac{\partial X}{\partial z} + \frac{\partial F}{\partial W}\Delta X\right) \\ & + \frac{\partial W}{\partial Y}\left(2\frac{\partial^2 F}{\partial W\,\partial x}\frac{\partial Y}{\partial x} + 2\frac{\partial^2 F}{\partial W\,\partial y}\frac{\partial Y}{\partial y} + 2\frac{\partial^2 F}{\partial W\,\partial z}\frac{\partial Y}{\partial z} + \frac{\partial F}{\partial W}\Delta Y\right) \\ & + \frac{\partial W}{\partial Z}\left(2\frac{\partial^2 F}{\partial W\,\partial x}\frac{\partial Z}{\partial x} + 2\frac{\partial^2 F}{\partial W\,\partial y}\frac{\partial Z}{\partial y} + 2\frac{\partial^2 F}{\partial W\,\partial z}\frac{\partial Z}{\partial z} + \frac{\partial F}{\partial W}\Delta Z\right) = S. \end{aligned}\right.$$

Il faut que cette quantité soit nulle, si W est une fonction de X, Y, Z vérifiant l'équation

$$\Delta' W = \frac{\partial^2 W}{\partial X^2} + \frac{\partial^2 W}{\partial Y^2} + \frac{\partial^2 W}{\partial Z^2} = 0.$$

S'il en est ainsi, le second membre S de l'équation (6), où l'on a remplacé x, y, z en fonction des variables X, Y, Z, doit être identiquement de la forme

$$(7)\qquad S = \lambda\left(\frac{\partial^2 W}{\partial X^2} + \frac{\partial^2 W}{\partial Y^2} + \frac{\partial^2 W}{\partial Z^2}\right);$$

autrement les fonctions W (X, Y, Z), correspondant à une intégrale quelconque V de l'équation $\Delta V = 0$, vérifieraient une équation du second ordre $S = 0$, distincte de l'équation $\Delta' W = 0$, et, par suite, à une intégrale *quelconque* W de cette dernière équation ne correspondrait pas une intégrale V de l'équation $\Delta V = 0$.

Il est clair que S conservera la même forme si l'on y laisse subsister les variables x, y, z; il faut donc que le second membre de (6) soit identique à une expression de la forme (7), et, si cette condition d'ailleurs est remplie, l'équation $\Delta V = 0$ entraîne l'équation $\Delta' W = 0$, et réciproquement.

De là résultent les égalités suivantes

$$(8) \qquad \left\{ \begin{array}{l} h^2 = h_1^2 = h_2^2, \\ k = 0, \qquad k_1 = 0, \qquad k_2 = 0, \end{array} \right.$$

$$\frac{\partial^2 F}{\partial W^2} = 0.$$

F est donc nécessairement de la forme

$$F = f + gW;$$

de plus, f et g sont astreints aux conditions suivantes :

$$(9) \qquad \left\{ \begin{array}{l} \dfrac{\partial X}{\partial x}\dfrac{\partial g}{\partial x} + \dfrac{\partial X}{\partial y}\dfrac{\partial g}{\partial y} + \dfrac{\partial X}{\partial z}\dfrac{\partial g}{\partial z} + \dfrac{g}{2}\Delta X = 0, \\ \dfrac{\partial Y}{\partial x}\dfrac{\partial g}{\partial x} + \dfrac{\partial Y}{\partial y}\dfrac{\partial g}{\partial y} + \dfrac{\partial Y}{\partial z}\dfrac{\partial g}{\partial z} + \dfrac{g}{2}\Delta Y = 0, \\ \dfrac{\partial Z}{\partial x}\dfrac{\partial g}{\partial x} + \dfrac{\partial Z}{\partial y}\dfrac{\partial g}{\partial y} + \dfrac{\partial Z}{\partial z}\dfrac{\partial g}{\partial z} + \dfrac{g}{2}\Delta Z = 0; \end{array} \right.$$

$$\Delta f = 0, \qquad \Delta g = 0.$$

On peut supposer f identiquement nul; car, si $f + gW$ répond à la question, il en est de même de $F = gW$. Les égalités (8) sont précisément les conditions pour que la transformation

$$(10) \qquad \left\{ \begin{array}{l} X = X(x, y, z), \\ Y = Y(x, y, z), \\ Z = Z(x, y, z) \end{array} \right.$$

soit une transformation conforme. Une telle transformation étant connue, les dérivées logarithmiques de g sont déterminées par les équations (9). On pourrait simplifier ces équations $\Big($montrer, par exemple, que $\dfrac{\partial}{\partial X} Lg = \dfrac{\Delta X}{2h^2}\Big)$ et voir directement qu'elles sont compatibles entre elles et avec la relation $\Delta g = 0$ si les conditions (8) sont vérifiées. Mais ce calcul est inutile, si l'on admet ce théorème que toutes les fonctions X, Y, Z qui satisfont aux équations (8) définissent une inversion. La fonction g correspondante est de la forme

$$g(x, y, z) = \frac{C}{\sqrt{(x-a)^2+(y-b)^2+(z-c)^2}}.$$

La transformation (10) *la plus générale répondant à la question posée est donc la transformation par rayons vecteurs réciproques.*

Si l'on avait traité le même problème pour le cas de deux variables, on serait arrivé à des équations analogues aux précédentes, qui s'en déduisent en supprimant les variables z et Z. Les transformations cherchées s'obtiennent donc en prenant pour $X + iY$ une fonction analytique quelconque de $(x \pm iy)$; dans ce cas, $\Delta X = 0$, $\Delta Y = 0$, et, d'après les égalités (9), g est une constante.

3. Nous avons admis plus haut que l'inversion constituait la seule loi de *correspondance conforme* entre les deux espaces x, y, z et X, Y, Z. Liouville a énoncé le premier cette proposition dans le tome XV du *Journal de Liouville* et l'a démontrée dans une des Notes qui font suite à la Géométrie de Monge ([1]). Sa méthode est la suivante : Il s'agit de trouver toutes les solutions de l'équation

$$dx^2 + dy^2 + dz^2 = H^2(dX^2 + dY^2 + dZ^2),$$

c'est-à-dire toutes les fonctions x, y, z de X, Y, Z vérifiant les équations

$$(11)\quad \left\{\begin{aligned} &\left(\frac{\partial x}{\partial X}\right)^2 + \left(\frac{\partial y}{\partial X}\right)^2 + \left(\frac{\partial z}{\partial X}\right)^2 = \left(\frac{\partial x}{\partial Y}\right)^2 + \left(\frac{\partial y}{\partial Y}\right)^2 + \left(\frac{\partial z}{\partial Y}\right)^2 \\ &\qquad = \left(\frac{\partial x}{\partial Z}\right)^2 + \left(\frac{\partial y}{\partial Z}\right)^2 + \left(\frac{\partial z}{\partial Z}\right)^2 = H^2, \\ &\frac{\partial x}{\partial X}\frac{\partial x}{\partial Y} + \frac{\partial y}{\partial X}\frac{\partial y}{\partial Y} + \frac{\partial z}{\partial X}\frac{\partial z}{\partial Y} = 0, \\ &\frac{\partial x}{\partial Y}\frac{\partial x}{\partial Z} + \frac{\partial y}{\partial Y}\frac{\partial y}{\partial Z} + \frac{\partial z}{\partial Y}\frac{\partial z}{\partial Z} = 0, \\ &\frac{\partial x}{\partial Z}\frac{\partial x}{\partial X} + \frac{\partial y}{\partial Z}\frac{\partial y}{\partial X} + \frac{\partial z}{\partial Z}\frac{\partial z}{\partial X} = 0. \end{aligned}\right.$$

([1]) MONGE, *Applications de l'Analyse à la Géométrie*, Note VI.

Or, dans son étude des coordonnées orthogonales, Lamé introduit les trois fonctions H, H_1, H_2 de (X, Y, Z),

$$H^2 = \left(\frac{\partial x}{\partial X}\right)^2 + \left(\frac{\partial y}{\partial X}\right)^2 + \left(\frac{\partial z}{\partial X}\right)^2,$$

$$H_1^2 = \left(\frac{\partial x}{\partial Y}\right)^2 + \left(\frac{\partial y}{\partial Y}\right)^2 + \left(\frac{\partial z}{\partial Y}\right)^2,$$

$$H_2^2 = \left(\frac{\partial x}{\partial Z}\right)^2 + \left(\frac{\partial y}{\partial Z}\right)^2 + \left(\frac{\partial z}{\partial Z}\right)^2$$

(x, y, z et X, Y, Z désignant respectivement les coordonnées rectilignes et curvilignes), et il établit que ces fonctions vérifient un système de six équations aux dérivées partielles du second ordre, qui deviennent, si l'on y fait $H = H_1 = H_2$,

$$(12)\quad \left\{\begin{aligned} &\frac{\partial^2 \frac{1}{H}}{\partial Y\,\partial Z} = 0, \qquad \frac{\partial^2 \frac{1}{H}}{\partial Z\,\partial X} = 0, \qquad \frac{\partial^2 \frac{1}{H}}{\partial X\,\partial Y} = 0, \\ &\text{et} \\ &\frac{\partial^2 LH}{\partial Y^2} + \frac{\partial^2 LH}{\partial X^2} = -\left(\frac{\partial LH}{\partial Z}\right)^2, \\ &\frac{\partial^2 LH}{\partial Z^2} + \frac{\partial^2 LH}{\partial Y^2} = -\left(\frac{\partial LH}{\partial X}\right)^2, \\ &\frac{\partial^2 LH}{\partial X^2} + \frac{\partial^2 LH}{\partial Z^2} = -\left(\frac{\partial LH}{\partial Y}\right)^2. \end{aligned}\right.$$

L'intégrale H de ce système est donnée par l'égalité

$$H = \frac{C}{(X-\alpha)^2 + (Y-\beta)^2 + (Z-\gamma)^2} \quad (^1),$$

et les fonctions x, y, z de (X, Y, Z) correspondantes définissent une inversion.

Nous allons reprendre cette démonstration en établissant directement les relations auxquelles est assujettie H. Nous remarquons d'abord que l'intégrale générale de l'équation

$$dx^2 + dy^2 + dz^2 = dX^2 + dY^2 + dZ^2$$

---

(1) Il faut toutefois joindre à cette intégrale l'intégrale particulière

$$H = \frac{1}{ax + by + cz + d},$$

avec la condition $a^2 + b^2 + c^2 = 0$, ainsi que l'a remarqué M. Darboux.

est donnée par les formules

$$(13)\qquad \begin{cases} x = a + \alpha X + \beta Y + \gamma Z, \\ y = b + \alpha' X + \beta' Y + \gamma' Z, \\ z = c + \alpha'' X + \beta'' Y + \gamma'' Z, \end{cases}$$

où a, b, c sont des constantes, α, β, γ, α', ..., γ'' les neuf cosinus de trois directions rectangulaires. Liouville déduit ce fait du fait géométrique que les figures correspondantes, étant alors égales ou symétriques, peuvent être, par un simple déplacement, amenées à coïncider ou à être symétriques par rapport au plan des xy. Analytiquement, on arrive à la même conclusion de la manière suivante : H étant alors égal à l'unité, en différentiant par rapport à Y et à X les deux premières équations (11), on a

$$\frac{\partial x}{\partial X}\frac{\partial^2 x}{\partial X\,\partial Y} + \frac{\partial y}{\partial X}\frac{\partial^2 y}{\partial X\,\partial Y} + \frac{\partial z}{\partial X}\frac{\partial^2 z}{\partial X\,\partial Y} = 0,$$

$$\frac{\partial x}{\partial Y}\frac{\partial^2 x}{\partial X\,\partial Y} + \frac{\partial y}{\partial Y}\frac{\partial^2 y}{\partial X\,\partial Y} + \frac{\partial z}{\partial Y}\frac{\partial^2 z}{\partial X\,\partial Y} = 0.$$

D'autre part,

$$\frac{\partial x}{\partial X}\frac{\partial^2 x}{\partial X\,\partial Y} + \frac{\partial y}{\partial X}\frac{\partial^2 y}{\partial X\,\partial Y} + \frac{\partial z}{\partial X}\frac{\partial^2 z}{\partial X\,\partial Y} + \frac{\partial x}{\partial Y}\frac{\partial^2 x}{\partial X^2} + \frac{\partial y}{\partial Y}\frac{\partial^2 y}{\partial X^2} + \frac{\partial z}{\partial Y}\frac{\partial^2 z}{\partial X^2} = 0;$$

donc

$$\frac{\partial x}{\partial Y}\frac{\partial^2 x}{\partial X^2} + \frac{\partial y}{\partial Y}\frac{\partial^2 y}{\partial X^2} + \frac{\partial z}{\partial Y}\frac{\partial^2 z}{\partial X^2} = 0.$$

De même

$$\frac{\partial x}{\partial Z}\frac{\partial^2 x}{\partial X^2} + \frac{\partial y}{\partial Z}\frac{\partial^2 y}{\partial X^2} + \frac{\partial z}{\partial Z}\frac{\partial^2 z}{\partial X^2} = 0.$$

Enfin, en différentiant par rapport à X la première équation (11),

$$\frac{\partial x}{\partial X}\frac{\partial^2 x}{\partial X^2} + \frac{\partial y}{\partial X}\frac{\partial^2 y}{\partial X^2} + \frac{\partial z}{\partial X}\frac{\partial^2 z}{\partial X^2} = 0.$$

Le déterminant des trois équations homogènes qui lient $\frac{\partial^2 x}{\partial X^2}$, $\frac{\partial^2 y}{\partial X^2}$, $\frac{\partial^2 z}{\partial X^2}$ n'est autre chose que le déterminant fonctionnel des fonctions x, y, z de X, Y, Z. Ce déterminant ne pouvant être nul, $\frac{\partial^2 x}{\partial X^2}$, $\frac{\partial^2 y}{\partial X^2}$, $\frac{\partial^2 z}{\partial X^2}$ sont nuls identiquement. D'autre part, en différentiant les trois dernières équations (11) par rapport à Z, X, Y respectivement, il vient

$$\frac{\partial x}{\partial X}\frac{\partial^2 x}{\partial Y\partial Z}+\frac{\partial y}{\partial X}\frac{\partial^2 y}{\partial Y\partial Z}+\frac{\partial z}{\partial X}\frac{\partial^2 z}{\partial Y\partial Z}+\frac{\partial x}{\partial Y}\frac{\partial^2 x}{\partial X\partial Z}+\frac{\partial y}{\partial Y}\frac{\partial^2 y}{\partial X\partial Z}+\frac{\partial z}{\partial Y}\frac{\partial^2 z}{\partial X\partial Z}=0,$$

$$\frac{\partial x}{\partial Y}\frac{\partial^2 x}{\partial Z\partial X}+\frac{\partial y}{\partial Y}\frac{\partial^2 y}{\partial Z\partial X}+\ldots\ldots\ldots\ldots+\frac{\partial z}{\partial Z}\frac{\partial^2 z}{\partial Y\partial Z}=0,$$

$$\frac{\partial x}{\partial Z}\frac{\partial^2 x}{\partial X\partial Y}+\ldots\ldots\ldots\ldots\ldots\ldots+\frac{\partial z}{\partial X}\frac{\partial^2 x}{\partial Z\partial Y}=0.$$

En ajoutant les deux dernières équations et retranchant la première, on a

$$\frac{\partial x}{\partial Z}\frac{\partial^2 x}{\partial X\partial Y}+\frac{\partial y}{\partial Z}\frac{\partial^2 y}{\partial X\partial Y}+\frac{\partial z}{\partial Z}\frac{\partial^2 z}{\partial X\partial Y}=0;$$

les quantités $\frac{\partial^2 x}{\partial X\partial Y}$, $\frac{\partial^2 y}{\partial X\partial Y}$, $\frac{\partial^2 z}{\partial X\partial Y}$, liées par trois équations linéaires et homogènes dont le déterminant n'est pas nul, sont identiquement nulles. Il en résulte que x, y, z sont des fonctions linéaires de (X, Y, Z) et que l'intégrale cherchée est bien de la forme (13).

Supposons maintenant qu'on connaisse une fonction $H(X, Y, Z)$ correspondant à une transformation conforme x_1, y_1, z_1 de (X, Y, X). On a

$$dx_1^2+dy_1^2+dz_1^2=H^2(X, Y, Z)[dX^2+dY^2+dZ^2];$$

soit x, y, z un système quelconque de fonctions vérifiant l'égalité

$$dx^2+dy^2+dz^2=H^2[dX^2+dY^2+dZ^2].$$

Cette égalité entraîne la suivante :

$$dx^2+dy^2+dz^2=dx_1^2+dy_1^2+dz_1^2.$$

Par suite, étant donnée une fonction $H(X, Y, Z)$ répondant à la question, l'intégrale (x, y, z) du système (11) s'obtient en remplaçant dans les équations (13) X, Y, Z par les fonctions x_1, y_1, z_1 d'un système intégral particulier. Ceci revient à faire correspondre aux figures (x_1, y_1, z_1) des figures égales (x, y, z).

4. Ce point établi, voici le procédé que nous employons : Les équations (11) nous montrent que les dérivées partielles des fonctions x, y, z s'expriment facilement au moyen des paramètres m, n, p d'Olinde-Rodrigues.

Nous pouvons écrire

$$\frac{\partial x}{\partial X} = \frac{H(1+m^2-n^2-p^2)}{1+m^2+n^2+p^2},$$
$$\frac{\partial x}{\partial Y} = \frac{2H(mn-p)}{1+m^2+n^2+p^2},$$
$$\frac{\partial x}{\partial Z} = \frac{2H(mp+n)}{1+m^2+n^2+p^2};$$

$$\frac{\partial y}{\partial X} = \frac{2H(mn+p)}{1+m^2+n^2+p^2},$$
$$\frac{\partial y}{\partial Y} = \frac{H(1+n^2-m^2-p^2)}{1+m^2+n^2+p^2},$$
$$\frac{\partial y}{\partial Z} = \frac{2H(np-m)}{1+m^2+n^2+p^2};$$

$$\frac{\partial z}{\partial X} = \frac{2H(mp-n)}{1+m^2+n^2+p^2},$$
$$\frac{\partial z}{\partial Y} = \frac{2H(np+m)}{1+m^2+n^2+p^2},$$
$$\frac{\partial z}{\partial Z} = \frac{H(1+p^2-m^2-n^2)}{1+m^2+n^2+p^2}.$$

Tout revient à déterminer les fonctions m, n, p, H de (X, Y, Z) de façon que les expressions

$$\frac{\partial x}{\partial X}dX + \frac{\partial x}{\partial Y}dY + \frac{\partial x}{\partial Z}dZ,$$
$$\frac{\partial y}{\partial X}dX + \frac{\partial y}{\partial Y}dY + \frac{\partial y}{\partial Z}dZ,$$
$$\frac{\partial z}{\partial X}dX + \frac{\partial z}{\partial Y}dY + \frac{\partial z}{\partial Z}\partial Z$$

soient différentielles totales exactes. Pour cela, *il faut et il suffit* que les neuf conditions

$$\frac{\partial^2 x}{\partial Y\,\partial Z} = \frac{\partial^2 x}{\partial Z\,\partial Y}, \qquad \frac{\partial^2 x}{\partial Z\,\partial X} = \frac{\partial^2 x}{\partial X\,\partial Z}, \qquad \ldots, \qquad \frac{\partial^2 z}{\partial Z\,\partial X} = \frac{\partial^2 z}{\partial X\,\partial Z}$$

soient remplies. Ces neuf équations sont linéaires par rapport aux dérivées premières $\frac{\partial m}{\partial X}, \frac{\partial m}{\partial Y}, \ldots, \frac{\partial p}{\partial Z}$, et l'on peut, comme nous le verrons, les résoudre par rapport à ces dérivées. Admettons que, pour une fonction H(X, Y, Z) donnée, ce système (A) admette une intégrale m_1, n_1, p_1; à cette intégrale correspondront les fonctions x_1, y_1, z_1, et, d'après une remarque précédente, les fonctions x, y, z, obtenues en remplaçant dans les formules (13) X, Y, Z par x_1, y_1, z_1, vérifieront aussi l'équation

$$dx^2 + dy^2 + dz^2 = H^2(dX^2 + dY^2 + dZ^2);$$

inversement, à ces fonctions x, y, z correspondent de nouvelles intégrales m, n, p du système (A), et l'on peut disposer du changement d'axes rectangulaires défini par (13) de façon que pour (X_0, Y_0, Z_0) les fonctions m, n, p prennent des valeurs arbitraires m_0, n_0, p_0. Écrivons donc les neuf équations de compatibilité du système (A)

$$\frac{\partial^2 m}{\partial Y\,\partial Z} = \frac{\partial^2 m}{\partial Z\,\partial Y}, \qquad \ldots, \qquad \frac{\partial^2 p}{\partial Z\,\partial X} = \frac{\partial^2 p}{\partial X\,\partial Z}.$$

Quand on remplace dans ces relations les dérivées de m, n, p par leurs valeurs tirées du système (A), on obtient neuf équations où figurent m, n, p, H et ses dérivées. Toute fonction H, pour laquelle le système (A) est compatible, *doit vérifier ces relations quels que soient* m, n, p; autrement, on ne pourrait pas donner à m, n, p des valeurs arbitraires pour X_0, Y_0, Z_0. Réciproquement, si H vérifie les neuf relations indiquées *quels que soient* m, n, p, *le système* (A) *forme un système complet;* il admet une intégrale dépendant des trois constantes m_0, n_0, p_0, et x, y, z s'expriment en fonction de ces trois constantes et de trois constantes d'addition a, b, c.

En écrivant les conditions énoncées pour H, on trouve que H doit vérifier les six équations du second ordre qu'emploie Liouville.

Développons maintenant le calcul dont nous venons d'indiquer la marche. Remarquons d'abord que les expressions en m, n, p de $\frac{\partial y}{\partial X}$, $\frac{\partial y}{\partial Y}$, $\frac{\partial y}{\partial Z}$, $\frac{\partial z}{\partial X}$, $\frac{\partial z}{\partial Y}$, $\frac{\partial z}{\partial Z}$ se déduisent des expressions de $\frac{\partial x}{\partial X}$, $\frac{\partial x}{\partial Y}$, $\frac{\partial x}{\partial Z}$ en permutant à la fois les symboles (x, y, z), (X, Y, Z), (m, n, p). Il en résulte que, si une relation quelconque est vérifiée par m, n, p, H et leurs dérivées, les relations obtenues en permutant respectivement (m, n, p) et (X, Y, Z) sont vérifiées également.

Exprimons maintenant que

$$\frac{\partial^2 x}{\partial Y\,\partial Z} = \frac{\partial^2 x}{\partial Z\,\partial Y}$$

ou que

$$\frac{\partial}{\partial Z}\left[\frac{H(mn-p)}{1+m^2+n^2+p^2}\right]=\frac{\partial}{\partial Y}\left[\frac{H(mp+n)}{1+m^2+n^2+p^2}\right].$$

Cette relation est indépendante des dérivées $\frac{\partial m}{\partial X}$, $\frac{\partial n}{\partial X}$, $\frac{\partial p}{\partial X}$, et il en est de même des relations déduites des égalités

$$\frac{\partial^2 y}{\partial Y\,\partial Z}=\frac{\partial^2 y}{\partial Z\,\partial Y},\qquad \frac{\partial^2 z}{\partial Y\,\partial Z}=\frac{\partial^2 z}{\partial Z\,\partial Y}.$$

Écrivons ces équations ainsi :

(14) $\left\{\begin{array}{l}\ldots\ldots\\ \ldots\ldots\\ \ldots\ldots\end{array}\right.$ [Voir la *Planche, formules* (14).]

Nous avons posé, pour abréger l'écriture,

$$\delta^2=1+m^2+n^2+p^2 \qquad \text{et} \qquad K=L.H.$$

On formerait deux groupes de relations analogues au groupe (14) en permutant à la fois les lettres (m, n, p) et (X, Y, Z). Il s'agit de résoudre ces neuf équations par rapport aux dérivées partielles de m, n, p. Pour cela, simplifions les équations précédentes; multiplions la première par 1, la deuxième par p, la troisième par n, et ajoutons; les termes en $\frac{\partial m}{\partial Y}$, $\frac{\partial m}{\partial Z}$ disparaissent. En employant de même comme multiplicateurs $[p, -1, m]$, puis $[-n, m, 1]$, on forme deux équations indépendantes l'une de $\frac{\partial n}{\partial Y}$ et de $\frac{\partial n}{\partial Z}$, l'autre de $\frac{\partial p}{\partial Y}$ et de $\frac{\partial p}{\partial Z}$. Ces trois équations, une fois les deux membres divisés par δ^2, s'écrivent ainsi :

	$\frac{\partial m}{\partial Y}$	$\frac{\partial m}{\partial Z}$	$\frac{\partial n}{\partial Y}$	$\frac{\partial n}{\partial Z}$	$\frac{\partial p}{\partial Y}$	$\frac{\partial p}{\partial Z}$	
(15)	0	0	$(1+p^2)$	$-(m+np)$	$+(m-np)$	$1+n^2$	$=-\frac{\delta^2}{2}\left(p\frac{\partial K}{\partial Z}+n\frac{dK}{\partial Y}\right)$,
	$(1+p^2)$	$-(np+m)$	0	0	$-(mp+n)$	$(mn-p)$	$=-\frac{\delta^2}{2}\left(\frac{\partial K}{\partial Z}+m\frac{\partial K}{\partial Y}\right)$,
	$m-np$	$1+n^2$	$mp+n$	$p-mn$	0	0	$=-\frac{\delta^2}{2}\left(\frac{\partial K}{\partial Z}\,m-\frac{\partial K}{\partial Y}\right)$.

On peut remplacer ces équations par deux égalités qui ne contiennent plus que trois dérivées de m, n, p, et par une troisième dont le terme indépendant de ces dérivées est nul. Il suffit, pour cela, de multiplier les trois équations (15) respectivement par λ, μ, ν et de faire la somme, en posant successivement

$$\begin{array}{lll} \lambda = p - mn, & \mu = 1 + n^2, & \nu = np + m, \\ \lambda = mp + n, & \mu = m - np, & \nu = -(1+p^2), \\ \lambda = (1+m^2); & \mu = -(mn+p); & \nu = n - mp. \end{array}$$

Il vient ainsi

$$(15') \quad \left\{ \begin{aligned} &\frac{\partial m}{\partial Y} + p\frac{\partial n}{\partial Y} - n\frac{\partial p}{\partial Y} = -\frac{\delta^2}{2}\frac{\partial K}{\partial Z}, \\ &\frac{\partial m}{\partial Z} + p\frac{\partial n}{\partial Z} - n\frac{\partial p}{\partial Z} = \frac{\delta^2}{2}\frac{\partial K}{\partial Y}, \\ &\frac{\partial n}{\partial Y} + m\frac{\partial p}{\partial Y} - p\frac{\partial m}{\partial Y} + \frac{\partial p}{\partial Z} + n\frac{\partial m}{\partial Z} - m\frac{\partial n}{\partial Z} = 0. \end{aligned} \right.$$

Chacune de ces trois équations en entraînerait deux autres qu'on obtient en permutant respectivement (m, n, p) et (X, Y, Z). De la dernière, notamment, on déduit

$$\frac{\partial p}{\partial Z} + n\frac{\partial m}{\partial Z} - m\frac{\partial n}{\partial Z} + \frac{\partial m}{\partial X} + p\frac{\partial n}{\partial X} - n\frac{\partial p}{\partial X} = 0,$$

$$\frac{\partial m}{\partial X} + p\frac{\partial n}{\partial X} - n\frac{\partial p}{\partial X} + \frac{\partial n}{\partial Y} + m\frac{\partial p}{\partial Y} - p\frac{\partial m}{\partial Y} = 0.$$

Les trois dernières équations équivalent aux trois autres

$$(16) \quad \left\{ \begin{aligned} &\frac{\partial m}{\partial X} + p\frac{\partial n}{\partial X} - n\frac{\partial p}{\partial X} = 0, \\ &\frac{\partial n}{\partial Y} + m\frac{\partial p}{\partial Y} - p\frac{\partial m}{\partial Y} = 0, \\ &\frac{\partial p}{\partial Z} + n\frac{\partial m}{\partial Z} - m\frac{\partial n}{\partial Z} = 0. \end{aligned} \right.$$

D'autre part, des deux premières équations (15'), on déduit par permutation quatre nouvelles relations dont deux s'écrivent ainsi :

$$-p\frac{\partial m}{\partial X} + \frac{\partial n}{\partial X} + m\frac{\partial p}{\partial X} = \frac{\delta^2}{2}\frac{\partial K}{\partial Z},$$

$$-n\frac{\partial m}{\partial X} + m\frac{\partial n}{\partial X} - \frac{\partial p}{\partial X} = \frac{\delta^2}{2}\frac{\partial K}{\partial Y}.$$

Si l'on joint à ces deux équations la première des équations (16),

$$\frac{\partial m}{\partial X} + p\frac{\partial n}{\partial X} - n\frac{\partial p}{\partial X} = 0,$$

les trois équations ainsi obtenues se résolvent immédiatement par rapport aux dérivées $\frac{\partial m}{\partial X}$, $\frac{\partial n}{\partial X}$, $\frac{\partial p}{\partial X}$, et des valeurs ainsi trouvées on déduit par permutation celles des six autres dérivées.

En définitive, on a les formules

$$(\mathrm{A})\quad\left\{\begin{aligned}
2\frac{\partial m}{\partial X} &= \frac{\partial K}{\partial Z}(mn - p) - \frac{\partial K}{\partial Y}(mp + n),\\
2\frac{\partial m}{\partial Y} &= \frac{\partial K}{\partial X}(mp + n) - \frac{\partial K}{\partial Z}(1 + m^2),\\
2\frac{\partial m}{\partial Z} &= \frac{\partial K}{\partial Y}(1 + m^2) - \frac{\partial K}{\partial X}(mn - p);\\
2\frac{\partial n}{\partial X} &= \frac{\partial K}{\partial Z}(1 + n^2) - \frac{\partial K}{\partial Y}(np - m),\\
2\frac{\partial n}{\partial Y} &= \frac{\partial K}{\partial X}(np - m) - \frac{\partial K}{\partial Z}(nm + p),\\
2\frac{\partial n}{\partial Z} &= \frac{\partial K}{\partial Y}(nm + p) - \frac{\partial K}{\partial X}(1 + n^2);\\
2\frac{\partial p}{\partial X} &= \frac{\partial K}{\partial Z}(pn + m) - \frac{\partial K}{\partial Y}(1 + p^2),\\
2\frac{\partial p}{\partial Y} &= \frac{\partial K}{\partial X}(1 + p^2) - \frac{\partial K}{\partial Z}(pm - n),\\
2\frac{\partial p}{\partial Z} &= \frac{\partial K}{\partial Y}(pm - n) - \frac{\partial K}{\partial X}(pn + m).
\end{aligned}\right.$$

Il faut déterminer la fonction K de façon que le système (A) soit compatible. D'après ce que nous avons dit, si l'on écrit les neuf conditions de compatibilité

$$\frac{\partial^2 m}{\partial Y\,\partial Z} = \frac{\partial^2 m}{\partial Z\,\partial Y}, \qquad \ldots, \qquad \frac{\partial^2 p}{\partial Y\,\partial Z} = \frac{\partial^2 p}{\partial Z\,\partial Y},$$

en remplaçant les dérivées de m, n, p par leurs valeurs tirées de (A), K doit vérifier ces neuf conditions quels que soient m, n, p, en particulier si l'on fait $m = 0$, $n = 0$, $p = 0$. Or on a

$$2\frac{\partial^2 m}{\partial Y\,\partial Z} = -\frac{\partial^2 K}{\partial Z^2} - \frac{1}{2}\left(\frac{\partial K}{\partial X}\right)^2 + \ldots, \qquad 2\frac{\partial^2 m}{\partial Z\,\partial Y} = \frac{\partial^2 K}{\partial Y^2} + \frac{1}{2}\left(\frac{\partial K}{\partial X}\right)^2 + \ldots;$$

les termes non écrits s'annulant avec m, n, p. Donc K doit vérifier l'équation

$$\frac{\partial^2 K}{\partial Y^2} + \frac{\partial^2 K}{\partial Z^2} = -\frac{1}{2}\left(\frac{\partial K}{\partial X}\right)^2$$

et les deux équations analogues obtenues en permutant X, Y, Z. De même, on a

$$2\frac{\partial^2 m}{\partial Z\,\partial X} = \frac{\partial^2 K}{\partial Y\,\partial X} - \frac{1}{2}\frac{\partial K}{\partial X}\frac{\partial K}{\partial Y} + \ldots, \qquad 2\frac{\partial^2 m}{\partial X\,\partial Z} = \frac{1}{2}\frac{\partial K}{\partial Y}\frac{\partial K}{\partial X} + \ldots.$$

Donc K doit vérifier l'équation

$$\frac{\partial^2 K}{\partial X\,\partial Y} = \frac{\partial K}{\partial X}\frac{\partial K}{\partial Y}$$

et les deux équations analogues : en remplaçant K par $-L\left(\frac{1}{H}\right)$, on voit qu'elles deviennent

$$\frac{\partial^2 \frac{1}{H}}{\partial X\,\partial Y} = 0, \qquad \frac{\partial^2 \frac{1}{H}}{\partial Y\,\partial Z} = 0, \qquad \frac{\partial^2 \frac{1}{H}}{\partial Z\,\partial X} = 0.$$

On retrouve ainsi les six équations indiquées par Liouville. La démonstration dès lors est achevée ; en effet, si le système (B) des six équations en H est compatible, son intégrale dépend au plus de quatre constantes permettant de déterminer arbitrairement pour X_0, Y_0, Z_0 les valeurs de H, $\frac{\partial H}{\partial X}$, $\frac{\partial H}{\partial Y}$, $\frac{\partial H}{\partial Z}$. Or la fonction

$$H = \frac{C}{(X-\alpha)^2 + (Y-\beta)^2 + (Z-\gamma)^2},$$

qui correspond à la transformation par rayons vecteurs réciproques, vérifie, comme nous le savons, les équations en H et dépend de quatre constantes arbitraires [1]. C'est donc l'intégrale générale du système (B). La fonction H étant déterminée, toutes les fonctions x, y, z qui lui correspondent s'obtiennent en rem-

---

[1] Si les valeurs $\frac{\partial H}{\partial X_0}$, $\frac{\partial H}{\partial Y_0}$, $\frac{\partial H}{\partial Z_0}$ vérifient la relation

$$\left(\frac{\partial H}{\partial X_0}\right)^2 + \left(\frac{\partial H}{\partial Y_0}\right)^2 + \left(\frac{\partial H}{\partial Z_0}\right)^2 = 0,$$

H est de la forme $\frac{1}{aX + bY + cZ + d}$, avec la condition $a^2 + b^2 + c^2 = 0$.

plaçant dans les équations (13) X, Y, Z par

$$x_1 = \frac{C(X-\alpha)}{(X-\alpha)^2+(Y-\beta)^2+(Z-\gamma)^2},$$
$$y_1 = \frac{C(Y-\beta)}{(X-\alpha)^2+(Y-\beta)^2+(Z-\gamma)^2},$$
$$z_1 = \frac{C(Z-\gamma)}{(X-\alpha)^2+(Y-\beta)^2+(Z-\gamma)^2}.$$

Au lieu de raisonner ainsi, on peut retrouver, en achevant l'intégration, la transformation par rayons vecteurs réciproques. On remarque d'abord que le système (A) est compatible si les équations (B) sont vérifiées. En effet, l'équation $\frac{\partial^2 m}{\partial Y \partial Z} - \frac{\partial^2 m}{\partial Z \partial Y} = 0$, par exemple, peut s'écrire

$$(1+m^2)\left[\frac{\partial^2 K}{\partial Y^2} + \frac{\partial^2 K}{\partial Z^2} + \left(\frac{\partial K}{\partial X}\right)^2\right] + (p - mn)\left(\frac{\partial^2 K}{\partial X \partial Z} - \frac{\partial K}{\partial X}\frac{\partial K}{\partial Z}\right)$$
$$+ (mp+n)\left(\frac{\partial^2 K}{\partial Y \partial X} - \frac{\partial K}{\partial Y}\frac{\partial K}{\partial X}\right) = 0,$$

équation qui est une conséquence du système (B), quels que soient m, n, p. On verrait aisément qu'il en est de même pour les huit autres conditions. Ce point établi, on intègre le système (B) par la méthode de Liouville, et l'intégration du système (A) s'effectue alors facilement.

5. La méthode de calcul que nous avons employée pour former les équations auxquelles satisfait H trouve son application dans l'étude des coordonnées curvilignes orthogonales. Soit X, Y, Z un tel système de coordonnées; si l'on pose avec Lamé

$$(17)\quad \left\{\begin{aligned}
&H^2(X,Y,Z) = \left(\frac{\partial x}{\partial X}\right)^2 + \left(\frac{\partial y}{\partial X}\right)^2 + \left(\frac{\partial z}{\partial X}\right)^2,\\
&H_1^2(X,Y,Z) = \left(\frac{\partial x}{\partial Y}\right)^2 + \left(\frac{\partial y}{\partial Y}\right)^2 + \left(\frac{\partial z}{\partial Y}\right)^2,\\
&H_2^2(X,Y,Z) = \left(\frac{\partial x}{\partial Z}\right)^2 + \left(\frac{\partial y}{\partial Z}\right)^2 + \left(\frac{\partial z}{\partial Z}\right)^2;\\
&\frac{\partial x}{\partial X}\frac{\partial x}{\partial Y} + \frac{\partial y}{\partial X}\frac{\partial y}{\partial Y} + \frac{\partial z}{\partial X}\frac{\partial z}{\partial Y} = 0,\\
&\frac{\partial x}{\partial Y}\frac{\partial x}{\partial Z} + \frac{\partial y}{\partial Y}\frac{\partial y}{\partial Z} + \frac{\partial z}{\partial Y}\frac{\partial z}{\partial Z} = 0,\\
&\frac{\partial x}{\partial Z}\frac{\partial x}{\partial X} + \frac{\partial y}{\partial Z}\frac{\partial y}{\partial X} + \frac{\partial z}{\partial Z}\frac{\partial z}{\partial X} = 0,
\end{aligned}\right.$$

on peut chercher à déterminer les fonctions H, H_1, H_2 de (X, Y, Z) de façon que le système (17) soit compatible, et l'on intègre ensuite ce système. Pour former les équations auxquelles satisfont H, H_1, H_2, nous allons suivre la même marche que dans le paragraphe précédent.

Nous remarquerons d'abord que si, pour un système donné de fonctions H, H_1, H_2, le système (17) est compatible, son intégrale générale est de la forme

$$(18)\quad \left\{\begin{aligned} x &= a + \alpha\, x_1 + \beta\, y_1 + \gamma\, z_1,\\ y &= b + \alpha' x_1 + \beta' y_1 + \gamma' z_1,\\ z &= c + \alpha'' x_1 + \beta'' y_1 + \gamma'' z_1,\end{aligned}\right.$$

a, b, c étant des constantes et α, β, ..., γ'' les cosinus de trois directions rectangulaires. En effet

$$dx^2 + dy^2 + dz^2 = H^2 dX^2 + H_1^2 dY^2 + H_2^2 dZ^2 = dx_1^2 + dy_1^2 + dz_1^2,$$

si x, y, z et x_1, y_1, z_1 vérifient les équations (17); ce qui entraîne les relations (18).

Ceci posé, exprimons les dérivées partielles de x, y, z, en fonction des paramètres d'Olinde Rodrigues

$$(19)\quad \left\{\begin{aligned} \frac{\partial x}{\partial X} &= \frac{H(1 + m^2 - n^2 - p^2)}{\delta^2}, \\ \frac{\partial y}{\partial X} &= \frac{2H(mn + p)}{\delta^2}, \\ \frac{\partial z}{\partial X} &= \frac{2H(mp - n)}{\delta^2}; \\[1ex] \frac{\partial x}{\partial Y} &= \frac{2H_1(mn - p)}{\delta^2}, \\ \frac{\partial y}{\partial Y} &= \frac{H_1(1 + n^2 - m^2 - p^2)}{\delta^2}, \\ \frac{\partial z}{\partial Y} &= \frac{2H_1(np + m)}{\delta^2}; \\[1ex] \frac{\partial x}{\partial Z} &= \frac{2H_2(mp + n)}{\delta^2}, \\ \frac{\partial y}{\partial Z} &= \frac{2H_2(np - m)}{\delta^2}, \\ \frac{\partial z}{\partial Z} &= \frac{H_2(1 + p^2 - m^2 - n^2)}{\delta^2}. \end{aligned}\right.$$

Il faut déterminer m, n, p, H, H_1, H_2 de façon que le système (19) soit compatible. Les neuf conditions (nécessaires et suffisantes) de compatibilité sont linéaires par rapport aux dérivées de m, n, p, et ces équations (A′) peuvent être résolues, comme nous le verrons, par rapport à ces neuf dérivées. En répétant sans modification le raisonnement fait plus haut, on voit que, si l'on remplace dans les neuf équations de compatibilité du système (A′) les dérivées de m, n, p par leurs valeurs, les fonctions H, H_1, H_2 doivent vérifier identiquement ces relations quels que soient m, n, p : on trouve ainsi *que* H, H_1, H_2 *de* (X, Y, Z) *satisfont à six équations aux dérivées partielles du second ordre, qui sont les conditions nécessaires et suffisantes pour que le système* (19) *soit compatible.* Ces équations ne sont autres que celles de Lamé.

Le calcul s'effectue comme précédemment. En exprimant que

$$\frac{\partial^2 x}{\partial Y\,\partial Z} = \frac{\partial^2 x}{\partial Z\,\partial Y}, \qquad \frac{\partial^2 y}{\partial Y\,\partial Z} = \frac{\partial^2 y}{\partial Z\,\partial Y}, \qquad \frac{\partial^2 z}{\partial Y\,\partial Z} = \frac{\partial^2 z}{\partial Z\,\partial Y},$$

on forme trois équations indépendantes de $\frac{\partial m}{\partial X}$, $\frac{\partial n}{\partial X}$, $\frac{\partial p}{\partial X}$. Écrivons ces trois équations ainsi :

(20) .... [Voir la *Planche, formules* (20).]

Si l'on multiplie ces trois équations par λ, μ, ν et qu'on fasse la somme en posant successivement

$$\begin{array}{lll} \lambda = 1, & \mu = p, & \nu = n, \\ \lambda = p, & \mu = -1, & \nu = m, \\ \lambda = -n, & \mu = m, & \nu = 1, \end{array}$$

on obtient les équations

(20′) .... [Voir la *Planche, formules* (20′).]

Nous pouvons remplacer ces équations par deux égalités qui ne contiennent plus que trois dérivées de m, n, p, et une troisième dont le terme indépendant de ces dérivées est nul. Il suffit pour cela de multiplier les trois équations (20′) respectivement par λ, μ, ν et de faire la somme, en posant successivement

$$\begin{array}{lll} \lambda = p - mn, & \mu = 1 + n^2, & \nu = np + m, \\ \lambda = mp + n, & \mu = m - np, & \nu = -(1 + p^2), \\ \lambda = (1 + m^2), & \mu = -(mn + p), & \nu = (n - mp). \end{array}$$

Il vient ainsi

$$(21) \quad \left\{ \begin{aligned} \frac{\partial m}{\partial Y} + p\frac{\partial n}{\partial Y} - n\frac{\partial p}{\partial Y} &= -\frac{\delta^2}{2H_2}\frac{\partial H_1}{\partial Z}, \\ \frac{\partial m}{\partial Z} + p\frac{\partial n}{\partial Z} - n\frac{\partial p}{\partial Z} &= \frac{\delta^2}{2H_1}\frac{\partial H_2}{\partial Y}, \\ \frac{\partial n}{\partial Y} + m\frac{\partial p}{\partial Y} - p\frac{\partial m}{\partial Y} + \frac{\partial p}{\partial Z} + n\frac{\partial m}{\partial Z} - m\frac{\partial n}{\partial Z} &= 0. \end{aligned} \right.$$

Chacune de ces trois équations en entraîne deux autres qu'on obtient en permutant respectivement (m, n, p), (H, H_1, H_2), (X, Y, Z). De la dernière, notamment, on déduit

$$\frac{\partial p}{\partial Z} + n\frac{\partial m}{\partial Z} - m\frac{\partial n}{\partial Z} + \frac{\partial m}{\partial X} + p\frac{\partial n}{\partial X} - n\frac{\partial p}{\partial X} = 0,$$

$$\frac{\partial m}{\partial X} + p\frac{\partial n}{\partial X} - n\frac{\partial p}{\partial X} + \frac{\partial n}{\partial Y} + m\frac{\partial p}{\partial Y} - p\frac{\partial m}{\partial Y} = 0.$$

Les trois dernières équations équivalent aux suivantes :

$$(22) \quad \left\{ \begin{aligned} \frac{\partial m}{\partial X} + p\frac{\partial n}{\partial X} - n\frac{\partial p}{\partial X} &= 0, \\ \frac{\partial n}{\partial Y} + m\frac{\partial p}{\partial Y} - p\frac{\partial m}{\partial Y} &= 0, \\ \frac{\partial p}{\partial Z} + n\frac{\partial m}{\partial Z} - m\frac{\partial n}{\partial Z} &= 0. \end{aligned} \right.$$

D'autre part, des deux premières équations (21) on déduit par permutation quatre nouvelles relations dont deux s'écrivent ainsi

$$(23) \quad \left\{ \begin{aligned} \frac{\delta^2}{2H_2}\frac{\partial H}{\partial Z} &= -p\frac{\partial m}{\partial X} + \frac{\partial n}{\partial X} + m\frac{dp}{\partial X}, \\ \frac{\delta^2}{2H_1}\frac{\partial H}{\partial Y} &= -n\frac{\partial m}{\partial X} + m\frac{\partial n}{\partial X} - \frac{\partial p}{\partial X}. \end{aligned} \right.$$

Si l'on joint à ces deux équations la première des équations (22)

$$0 = \frac{\partial m}{\partial X} + p\frac{\partial n}{\partial X} - n\frac{\partial p}{\partial X},$$

les trois équations ainsi obtenues se résolvent immédiatement par rapport aux dérivées $\frac{\partial m}{\partial X}, \frac{\partial n}{\partial X}, \frac{\partial p}{\partial X}$, et, des valeurs ainsi trouvées, on déduit par permutation celles des six autres dérivées.

En définitive, on a les formules

$$
(\mathrm{A}')\quad \left\{\begin{aligned}
2\frac{\partial m}{\partial X} &= \frac{1}{H_2}\frac{\partial H}{\partial Z}(mn-p) - \frac{1}{H_1}\frac{\partial H}{\partial Y}(n+mp),\\
2\frac{\partial m}{\partial Y} &= \frac{1}{H}\frac{\partial H_1}{\partial X}(mp+n) - \frac{1}{H_2}\frac{\partial H_1}{\partial Z}(1+m^2),\\
2\frac{\partial m}{\partial Z} &= \frac{1}{H_1}\frac{\partial H_2}{\partial Y}(1+m^2) + \frac{1}{H}\frac{\partial H_2}{\partial X}(p-mn);\\
2\frac{\partial n}{\partial X} &= \frac{1}{H_2}\frac{\partial H}{\partial Z}(1+n^2) + \frac{1}{H_1}\frac{\partial H}{\partial Y}(m-np),\\
2\frac{\partial n}{\partial Y} &= \frac{1}{H}\frac{\partial H_1}{\partial X}(np-m) - \frac{1}{H_2}\frac{\partial H_1}{\partial Z}(p+mn),\\
2\frac{\partial n}{\partial Z} &= \frac{1}{H_1}\frac{\partial H_2}{\partial Y}(nm+p) - \frac{1}{H}\frac{\partial H_2}{\partial X}(1+n^2);\\
2\frac{\partial p}{\partial X} &= \frac{1}{H_2}\frac{\partial H}{\partial Z}(pn+m) - \frac{1}{H_1}\frac{\partial H}{\partial Y}(1+p^2),\\
2\frac{\partial p}{\partial Y} &= \frac{1}{H}\frac{\partial H_1}{\partial X}(1+p^2) + \frac{1}{H_2}\frac{\partial H_1}{\partial Z}(n-mp),\\
2\frac{\partial p}{\partial Z} &= \frac{1}{H_1}\frac{\partial H_2}{\partial Y}(pm-n) - \frac{1}{H}\frac{\partial H_2}{\partial X}(m+np).
\end{aligned}\right.
$$

Pour que ce système (A′) soit compatible, il faut que H, H_1, H_2 vérifient les neuf conditions de compatibilité, et cela quels que soient m, n, p, quand on y a remplacé les dérivées de m, n, p par leurs valeurs tirées de (A′); en particulier, H, H_1, H_2 doivent satisfaire aux relations obtenues en faisant $l=0$, $m=0$, $n=0$. Or on a

$$
2\frac{\partial^2 m}{\partial Y\,\partial Z} = -\frac{\partial}{\partial Z}\left(\frac{1}{H_2}\frac{\partial H_1}{\partial Z}\right) - \frac{1}{2H^2}\frac{\partial H_1}{\partial X}\frac{\partial H_2}{\partial X} + \ldots,
$$

$$
2\frac{\partial^2 m}{\partial Z\,\partial Y} = \frac{\partial}{\partial Y}\left(\frac{1}{H_1}\frac{\partial H_2}{\partial Y}\right) + \frac{1}{2H^2}\frac{\partial H_1}{\partial X}\frac{\partial H_2}{\partial X} + \ldots,
$$

les termes non écrits s'annulant avec l, m, n; par suite, H, H_1, H_2 vérifient l'équation

$$
\frac{\partial}{\partial Y}\left(\frac{1}{H_1}\frac{\partial H_2}{\partial Y}\right) + \frac{\partial}{\partial Z}\left(\frac{1}{H_2}\frac{\partial H_1}{\partial Z}\right) + \frac{1}{H^2}\frac{\partial H_1}{\partial X}\frac{\partial H_2}{\partial X} = 0,
$$

et aussi les deux équations analogues

$$\frac{\partial}{\partial Z}\left(\frac{1}{H_2}\frac{\partial H}{\partial Z}\right)+\frac{\partial}{\partial X}\left(\frac{1}{H}\frac{\partial H_2}{\partial X}\right)+\frac{1}{H_1^2}\frac{\partial H_2}{\partial Y}\frac{\partial H}{\partial Y}=0,$$

$$\frac{\partial}{\partial X}\left(\frac{1}{H}\frac{\partial H_1}{\partial X}\right)+\frac{\partial}{\partial Y}\left(\frac{1}{H_1}\frac{\partial H}{\partial Y}\right)+\frac{1}{H_2^2}\frac{\partial H}{\partial Z}\frac{\partial H_1}{\partial Z}=0.$$

De même

$$2\frac{\partial^2 m}{\partial Z\,\partial X}=\frac{\partial}{\partial X}\left(\frac{1}{H_1}\frac{\partial H_2}{\partial Y}\right)-\frac{1}{2HH_1}\frac{\partial H}{\partial Y}\frac{\partial H_2}{\partial X}+\ldots,$$

$$2\frac{\partial^2 m}{\partial X\,\partial Z}=\frac{1}{2HH_1}\frac{\partial H}{\partial Y}\frac{\partial H_2}{\partial X}+\ldots.$$

Donc H, H_1, H_2 satisfont à la condition

$$\frac{\partial}{\partial X}\left(\frac{1}{H_1}\frac{\partial H_2}{\partial Y}\right)=\frac{1}{HH_1}\frac{\partial H}{\partial Y}\frac{\partial H_2}{\partial X}$$

ou encore

$$\frac{\partial^2 H_2}{\partial X\,\partial Y}=\frac{1}{H}\frac{\partial H_2}{\partial X}\frac{\partial H}{\partial Y}+\frac{1}{H_1}\frac{\partial H_2}{\partial Y}\frac{\partial H_1}{\partial X},$$

d'où l'on déduit, par permutation,

$$\frac{\partial^2 H}{\partial Y\,\partial Z}=\frac{1}{H_1}\frac{\partial H}{\partial Y}\frac{\partial H_1}{\partial Z}+\frac{1}{H_2}\frac{\partial H}{\partial Z}\frac{\partial H_2}{\partial Y},$$

$$\frac{\partial^2 H_1}{\partial Z\,\partial X}=\frac{1}{H_2}\frac{\partial H_1}{\partial Z}\frac{\partial H_2}{\partial X}+\frac{1}{H}\frac{\partial H_1}{\partial X}\frac{\partial H}{\partial Z}.$$

On retrouve ainsi les six relations de Lamé. D'ailleurs, tout système de fonctions H, H_1, H_2 de (X, Y, Z) qui vérifient le système (B') de ces six relations rend compatibles les équations (A'). En effet, les équations

$$\frac{\partial^2 m}{\partial Z\,\partial Y}-\frac{\partial^2 m}{\partial Y\,\partial Z}=0,\qquad \frac{\partial^2 m}{\partial X\,\partial Z}-\frac{\partial^2 m}{\partial Z\,\partial X}=0$$

développées sont respectivement de la forme

$$\begin{aligned}(1+m^2)&\left[\frac{\partial}{\partial Y}\left(\frac{1}{H_1}\frac{\partial H_2}{\partial Y}\right)+\frac{\partial}{\partial Z}\left(\frac{1}{H_2}\frac{\partial H_1}{\partial Z}\right)+\frac{1}{H^2}\frac{\partial H_1}{\partial X}\frac{\partial H_2}{\partial X}\right]\\ &+(p-mn)\left[\frac{\partial}{\partial Y}\left(\frac{1}{H}\frac{\partial H_2}{\partial X}\right)-\frac{1}{HH_1}\frac{\partial H_1}{\partial X}\frac{\partial H_2}{\partial Y}\right]\\ &-(mp+n)\left[\frac{\partial}{\partial Z}\left(\frac{1}{H}\frac{\partial H_1}{\partial X}\right)-\frac{1}{HH_2}\frac{\partial H_1}{\partial Z}\frac{\partial H_2}{\partial X}\right]=0\end{aligned}$$

et

$$(mn-p)\left[\frac{\partial}{\partial Z}\left(\frac{1}{H_2}\frac{\partial H}{\partial Z}\right)+\frac{\partial}{\partial X}\left(\frac{1}{H}\frac{\partial H_2}{\partial X}\right)+\frac{1}{H_1^2}\frac{\partial H_2}{\partial Y}\frac{\partial H}{\partial Y}\right]$$
$$-(1+m^2)\left[\frac{\partial}{\partial X}\left(\frac{1}{H_1}\frac{\partial H_2}{\partial Y}\right)-\frac{1}{HH_1}\frac{\partial H_2}{\partial X}\frac{\partial H}{\partial Y}\right]$$
$$-(n+mp)\left[\frac{\partial}{\partial Z}\left(\frac{1}{H_2}\frac{\partial H}{\partial Y}\right)-\frac{1}{H_1H_2}\frac{\partial H}{\partial Z}\frac{\partial H_2}{\partial Y}\right]=0,$$

et ainsi des autres; or on voit que ces égalités sont des conséquences du système (B′) quels que soient m, n, p.

Nous démontrons donc bien par cette méthode que *les six équations* (B′) *liant les fonctions* H, H_1, H_2 *de* X, Y, Z *et leurs dérivées du premier et du second ordre sont les conditions nécessaires et suffisantes pour que le système* (17) *soit compatible.*

On peut aussi se servir des équations (A′) en m, n, p pour déterminer x, y, z quand on connaît un système intégral H, H_1, H_2 de (B′). On forme aisément l'expression de l'intégrale générale en fonction des constantes m_0, n_0, p_0 et d'une intégrale particulière m_1, n_1, p_1. Mais c'est là un point sur lequel je n'insiste pas ici (¹). J'ajoute seulement un mot au sujet du problème analogue au précédent qui consisterait à déterminer H, H_1, H_2 en fonction des coordonnées rectilignes x, y, z. La question revient à la suivante : étant donné le système

$$\left(\frac{\partial X}{\partial x}\right)^2+\left(\frac{\partial X}{\partial y}\right)^2+\left(\frac{\partial X}{\partial z}\right)^2=h^2(x,y,z),$$
$$\left(\frac{\partial Y}{\partial x}\right)^2+\left(\frac{\partial Y}{\partial y}\right)^2+\left(\frac{\partial Y}{\partial z}\right)^2=h_1^2(x,y,z),$$
$$\left(\frac{\partial Z}{\partial x}\right)^2+\left(\frac{\partial Z}{\partial y}\right)^2+\left(\frac{\partial Z}{\partial z}\right)^2=h_2^2(x,y,z);$$

$$\frac{\partial X}{\partial x}\frac{\partial Y}{\partial x}+\frac{\partial X}{\partial y}\frac{\partial Y}{\partial y}+\frac{\partial X}{\partial z}\frac{\partial Y}{\partial z}=0,$$
$$\frac{\partial Y}{\partial x}\frac{\partial Z}{\partial x}+\frac{\partial Y}{\partial y}\frac{\partial Z}{\partial y}+\frac{\partial Y}{\partial z}\frac{\partial Z}{\partial z}=0,$$
$$\frac{\partial Z}{\partial x}\frac{\partial X}{\partial x}+\frac{\partial Z}{\partial y}\frac{\partial X}{\partial y}+\frac{\partial Z}{\partial z}\frac{\partial X}{\partial z}=0,$$

(¹) Au lieu d'éliminer m, n, p entre les neuf équations (A′), on peut éliminer H, H_1, H_2. On trouve ainsi que m, n, p satisfont aux trois équations linéaires trouver les conditions que doivent remplir les fonctions h, h_1, h_2 pour que le système soit compatible. On ne peut plus raisonner comme plus haut; car, d'une intégrale X, Y, Z du système on ne sait en général déduire d'autres intégrales. Si l'on emploie la même méthode de calcul, on trouve que h, h_1, h_2 vérifient six équations du second ordre dépendant de m, n, p; en éliminant m, n, p, on voit que h, h_1, h_2 vérifient un système d'équations du second et du troisième ordre; quand on connaît une intégrale h, h_1, h_2 de ce système, m, n, p sont en général déterminés algébriquement. La recherche des fonctions h, h_1, h_2 est plus compliquée que celle des fonctions X, Y, Z. Leur considération n'est donc d'aucun avantage.

6. Pour terminer, nous allons nous servir de la proposition de Liouville pour démontrer que certaines propriétés de la transformation par rayons vecteurs réciproques lui appartiennent exclusivement. Tout d'abord, étant donné un système quelconque de coordonnées curvilignes orthogonales, t, u, v de (x, y, z), si l'on remplace x, y, z par des coordonnées rectilignes X, Y, Z liées aux premières par les formules de l'inversion, les coordonnées curvilignes t, u, v relatives aux coordonnées cartésiennes X, Y, Z sont encore orthogonales. Il est facile de voir que *l'inversion est la seule transformation jouissant de cette propriété;* tout d'abord, une telle transformation X, Y, Z de (x, y, z) doit vérifier l'équation

$$dX^2 + dY^2 + dZ^2 = h^2\,dx^2 + h_1^2\,dy^2 + h_2^2\,dz^2;$$

car, si l'on fait $x = t$, $y = u$, $z = v$, les coordonnées curvilignes x, y, z relatives à X, Y, Z doivent être orthogonales. Il faut donc que tout système de fonctions $x(t, u, v)$, $y(t, u, v)$, $z(t, u, v)$, vérifiant l'équation

$$dx^2 + dy^2 + dz^2 = k^2\,dt^2 + k_1^2\,du^2 + k_2^2\,dv^2$$

---

du premier ordre (22) : quand on connaît une intégrale m, n, p de ce système, H, H_1, H_2 sont donnés par six équations, à savoir les équations (23) et leurs quatre analogues. Ces équations ne sont autres que celles de M. Ossian Bonnet (*voir* les *Comptes rendus des séances de l'Académie des Sciences*, année 1862), où les angles d'Euler θ, φ, ψ sont exprimés en fonction des paramètres m, n, p d'Olinde-Rodrigues. Mais je reviendrai ultérieurement sur ce sujet.

vérifie par le fait même une équation de la forme

$$h^2\,dx^2 + h_1^2\,dy^2 + h_2^2\,dz^2 = l^2\,dt^2 + l_1^2\,du^2 + l_2^2\,dv^2.$$

Ceci n'est possible que si $h = h_1 = h_2$; en effet x, y, z satisfont aux deux équations

$$\frac{\partial x}{\partial t}\frac{\partial x}{\partial u} + \frac{\partial y}{\partial t}\frac{\partial y}{\partial u} + \frac{\partial z}{\partial t}\frac{\partial z}{\partial u} = 0,$$

$$h^2\frac{\partial x}{\partial t}\frac{\partial x}{\partial u} + h_1^2\frac{\partial y}{\partial t}\frac{\partial y}{\partial u} + h_2^2\frac{\partial z}{\partial t}\frac{\partial z}{\partial u} = 0;$$

si h, h_1 et h_2 sont tous trois distincts, on a

$$\frac{\frac{\partial x}{\partial t}\frac{\partial x}{\partial u}}{h_2^2 - h_1^2} = \frac{\frac{\partial y}{\partial t}\frac{\partial y}{\partial u}}{h^2 - h_1^2} = \frac{\frac{\partial z}{\partial t}\frac{\partial z}{\partial u}}{h_2^2 - h^2};$$

de même

$$\frac{\frac{\partial x}{\partial u}\frac{\partial x}{\partial v}}{h_2^2 - h_1^2} = \frac{\frac{\partial y}{\partial u}\frac{\partial y}{\partial v}}{h^2 - h_2^2} = \frac{\frac{\partial z}{\partial u}\frac{\partial z}{\partial v}}{h_1^2 - h^2};$$

donc

$$\frac{\frac{\partial x}{\partial t}}{\frac{\partial x}{\partial v}} = \frac{\frac{\partial y}{\partial t}}{\frac{\partial y}{\partial v}} = \frac{\frac{\partial z}{\partial t}}{\frac{\partial z}{\partial v}},$$

ce qui est impossible, car le déterminant fonctionnel des fonctions x, y, z serait nul. Supposons maintenant h égal à h_1, mais différent de h_2; on doit avoir alors

$$\frac{\partial z}{\partial t}\frac{\partial z}{\partial u} = 0,$$

et de même

$$\frac{\partial z}{\partial u}\frac{\partial z}{\partial v} = 0,$$

$$\frac{\partial z}{\partial v}\frac{\partial z}{\partial t} = 0,$$

ce qui exige que z soit fonction de la seule variable t, par exemple, ou que les surfaces orthogonales t, u, v comprennent une série de plans parallèles; les coordonnées orthogonales t, u, v ne seraient donc pas les plus générales; il faut, par suite, que

$h = h_1 = h_2$ et que la correspondance entre x, y, z et X, Y, Z soit une inversion.

Cherchons de même tous les systèmes de coordonnées orthogonales X, Y, Z,

$$(\alpha) \qquad \begin{cases} x = f(X, Y, Z), \\ y = \varphi(X, Y, Z), \\ z = \psi(X, Y, Z), \end{cases}$$

tels qu'en remplaçant X, Y, Z respectivement par $f(X', Y', Z')$, $\varphi(X', Y', Z')$, $\psi(X', Y', Z')$, les coordonnées X', Y', Z' soient encore orthogonales. On doit avoir là encore

$$\frac{\partial x}{\partial X}\frac{\partial x}{\partial Y} + \frac{\partial y}{\partial X}\frac{\partial y}{\partial Y} + \frac{\partial z}{\partial X}\frac{\partial z}{\partial Y} = 0,$$

$$h^2\frac{\partial x}{\partial X}\frac{\partial x}{\partial Y} + h_1^2\frac{\partial y}{\partial X}\frac{\partial y}{\partial Y} + h_2^2\frac{\partial z}{\partial X}\frac{\partial z}{\partial Y} = 0,$$

et l'on voit, comme plus haut, que h_1, h_2, h_3 ne peuvent être tous trois inégaux; si $h_1 = h_2$, z doit être fonction de la seule variable Z, par exemple; x et y n'en doivent pas dépendre; on a de plus

$$dx^2 + dy^2 = h^2(dX^2 + dY^2).$$

Autrement dit, $x + iy$ est une fonction analytique de $(X \pm iY)$ et z une fonction de Z. C'était là une solution évidente de la question. Si on laisse de côté les surfaces triplement orthogonales, dont un système se compose de plans parallèles, on voit que *l'inversion définit les seules substitutions orthogonales x, y, z de X, Y, Z, dont la répétition conduise à une nouvelle substitution orthogonale.* On arrive à la même conclusion, si l'on cherche tous les systèmes de coordonnées orthogonales (α), tels qu'en répétant la substitution des variables x, y, z aux variables X, Y, Z, les coordonnées curvilignes X, Y, Z restent orthogonales par rapport aux nouvelles coordonnées cartésiennes x', y', z'.

L'inversion est aussi la seule substitution orthogonale telle que la substitution inverse soit également orthogonale. Il faut en effet, pour cela, que l'on ait

$$\frac{\partial x}{\partial X}\frac{\partial x}{\partial Y} + \frac{\partial y}{\partial X}\frac{\partial y}{\partial Y} + \frac{\partial z}{\partial X}\frac{\partial z}{\partial Y} = 0$$

et deux équations analogues, et, d'autre part,

$$\frac{\partial X}{\partial x}\frac{\partial X}{\partial y}+\frac{\partial Y}{\partial x}\frac{\partial Y}{\partial y}+\frac{\partial Z}{\partial x}\frac{\partial Z}{\partial y}=0,$$

et deux équations analogues.

La première équation peut se remplacer par la suivante :

$$\frac{\frac{\partial X}{\partial x}\frac{\partial X}{\partial y}}{h^2}+\frac{\frac{\partial Y}{\partial x}\frac{\partial Y}{\partial y}}{h_1^2}+\frac{\frac{\partial Z}{\partial x}\frac{\partial Z}{\partial y}}{h_2^2}=0.$$

Si l'on compare les deux dernières équations, on voit que le raisonnement peut s'achever comme précédemment.

$\frac{\partial m}{\partial Y}$	$\frac{\partial m}{\partial Z}$	$\frac{\partial n}{\partial Y}$	$\frac{\partial n}{\partial Z}$	$\frac{\partial p}{\partial Y}$	$\frac{\partial p}{\partial Z}$	
$\ldots+p^2-m^2)p-2mn$	$-(1+n^2+p^2-m^2)n-2mp$	$1+m^2+p^2-n^2-2mnp$	$-(1+p^2-m^2-n^2)m+2pn$	$(1+m^2+n^2-p^2)m-2np$	$1+m^2+n^2-p^2+2mnp$	$=\delta^2\left[(mn-p)\frac{\partial K}{\partial Z}-(mp+n)\frac{\partial K}{\partial Y}\right],$
$\ldots n^2+p^2-m^2+2mnp)$	$2m(1+n^2)$	$(1+m^2+p^2-n^2)p+2mn$	$-2n(m^2+p^2)$	$(1+m^2+n^2-p^2)n+2mp$	$2p(1+n^2)$	$=\delta^2\left[\frac{(1+n^2-m^2-p^2)}{2}\frac{\partial K}{\partial Z}-(np-m)\frac{\partial K}{\partial Y}\right],$
$2n(1+p^2)$	$1+n^2+p^2-m^2-2mnp$	$2n(1+p^2)$	$p(1+m^2+p^2-n^2)-2mn$	$-2p(m^2+n^2)$	$n(1+m^2+n^2-p^2)-2mp$	$=\delta^2\left[-(np-m)\frac{\partial K}{\partial Z}+\frac{(1+p^2-m^2-n^2)}{2}\frac{\partial K}{\partial Y}\right].$

$\frac{\partial m}{\partial Y}$	$\frac{\partial m}{\partial Z}$	$\frac{\partial n}{\partial Y}$	$\frac{\partial n}{\partial Z}$	$\frac{\partial p}{\partial Y}$	$\frac{\partial p}{\partial Z}$	
$\ldots n^2+p^2-m^2)p-2mn]$	$H_1[(1+n^2+p^2-m^2)n+2mp]$	$H_2(1+m^2+p^2-n^2-2mnp)$	$-H_1[(1+m^2+p^2-n^2)m+2pn]$	$H_2[m(1+m^2+n^2-p^2)-2np]$	$H_1(1+m^2+n^2-p^2+2mnp)$	$=\delta^2\left[(mn-p)\frac{\partial H_1}{\partial Z}-(mp+n)\frac{\partial H_2}{\partial Y}\right],$
$\ldots+n^2+p^2-m^2+2mnp)$	$2H_1m(1+n^2)$	$H_2[(1+m^2+p^2-n^2)p+2mn]$	$-2H_1n(m^2+p^2)$	$H_2[(1+m^2+n^2-p^2)n+2mp]$	$2H_1p(1+n^2)$	$=\delta^2\left[\frac{(1+n^2-m^2-p^2)}{2}\frac{\partial H_1}{\partial Z}-(np-m)\frac{\partial H_2}{\partial Y}\right],$
$2H_2m(1+p^2)$	$H_1(1+n^2+p^2-m^2-2mnp)$	$2H_2n(1+p^2)$	$H_1[(1+m^2+p^2-n^2)p-2mn]$	$-2H_2p(m^2+n^2)$	$H_1[(1+m^2+n^2-p^2)n-2mp]$	$=\delta^2\left[-(np-m)\frac{\partial H_1}{\partial Z}+\frac{(1+p^2-m^2-n^2)}{2}\frac{\partial H_2}{\partial Y}\right].$

$\frac{\partial m}{\partial Y}$	$\frac{\partial m}{\partial Z}$	$\frac{\partial n}{\partial Y}$	$\frac{\partial n}{\partial Z}$	$\frac{\partial p}{\partial Y}$	$\frac{\partial p}{\partial Z}$	
0	0	$H_2(1+p^2)$	$-H_1(m+np)$	$H_2(m-np)$	$H_1(1+n^2)$	$=-\frac{\delta^2}{2}\left(p\frac{\partial H_1}{\partial Z}+n\frac{\partial H_2}{\partial Y}\right),$
$H_2(1+p^2)$	$-H_1(np+m)$	0	0	$-H_2(mp+n)$	$H_1(mn-p)$	$=-\frac{\delta^2}{2}\left(\frac{\partial H_1}{\partial Z}+m\frac{\partial H_2}{\partial Y}\right),$
$H_2(m-np)$	$H_1(1+n^2)$	$H_2(mp+n)$	$H_1(p-mn)$	0	0	$=-\frac{\delta^2}{2}\left(m\frac{\partial H_1}{\partial Z}-\frac{\partial H_2}{\partial Y}\right).$

MÉMOIRES PARUS

N° 1. — PAUL PAINLEVÉ : *Transformation des fonctions* V (x, y, z).
Prix. . . 1 fr. 75

N° 2. — PIERRE DUHEM : *Des Corps Diamagnétiques*.
Prix. . . 3 fr. 50

N° 3. — PAUL FABRE : *Etude sur un Manuscrit de la Bibliothèque de Cambrai* (avec une reproduction en phototypie sur papier de Hollande).

www.ingramcontent.com/pod-product-compliance
Lightning Source LLC
LaVergne TN
LVHW012017160826
845678LV00002B/881

* 9 7 8 2 3 2 9 6 6 3 8 9 0 *